最爱的

花草茶

全图解

张伟 李珊 双福◎主编

中国纺织出版社有限公司

内容简介

花草茶作为天然无污染的保健饮品，带给人们健康、舒缓的休闲保健理念，也带来一种纯净自然的生活方式。花草茶含有丰富的营养成分，经常饮用可以促进机体新陈代谢，排除毒素，稳定情绪，改善体质，提高免疫力，让人容光焕发。

本书精选花草茶配方90多种，按照四季养生需要、体质保健需要进行分类。每一款茶饮都介绍其配方以及一次冲泡的适合分量，并详细介绍冲泡的具体步骤以及功效，方便读者冲泡出适合自己的最爱花草茶。

图书在版编目（CIP）数据

最爱的花草茶全图解 / 张伟等主编. -- 北京 : 中国纺织出版社，2014.6 （2025.9重印）

ISBN 978-7-5180-0328-0

Ⅰ. ①最… Ⅱ. ①张… Ⅲ. ①保健－茶谱－图解 Ⅳ. ①TS272.5-64

中国版本图书馆CIP数据核字(2014)第018253号

责任编辑：樊雅莉　　责任校对：高　涵　　责任印制：王艳丽

中国纺织出版社出版发行

地址：北京市朝阳区百子湾东里A407号楼　　邮政编码：100124

邮购电话：010—87155894　　传真：010—87155801

http：//www.c-textilep.com

中国纺织出版社天猫旗舰店

官方微博：http://weibo.com/2119887771

三河市人民印务有限公司印刷　各地新华书店经销

2014年6月第1版　2025年9月第2次印刷

开本：710×1000　1/16　印张：8

字数：72千字　定价：58.00元

目 录

冬季篇：祛寒养肾，温补敛阴

Part3 不同体质巧饮花草茶

平和体质

气虚体质

阳虚体质

阴虚体质

痰湿体质

湿热体质

血瘀体质

气郁体质

特禀体质

索引

附录

本书常见花草阳台种植全攻略

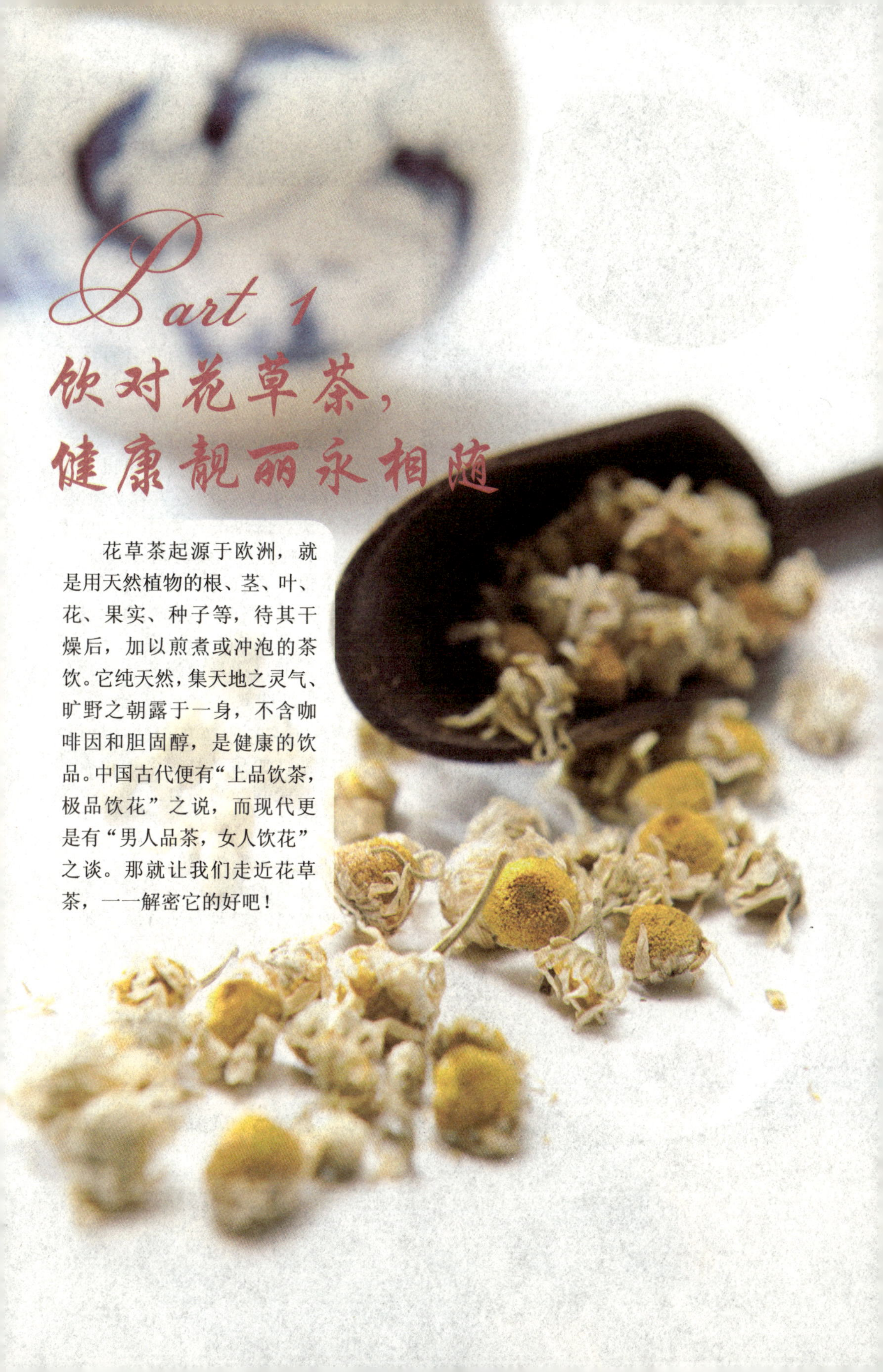

Part 1 饮对花草茶，健康靓丽永相随

花草茶起源于欧洲，就是用天然植物的根、茎、叶、花、果实、种子等，待其干燥后，加以煎煮或冲泡的茶饮。它纯天然，集天地之灵气、旷野之朝露于一身，不含咖啡因和胆固醇，是健康的饮品。中国古代便有“上品饮茶，极品饮花”之说，而现代更是有“男人品茶，女人饮花”之谈。那就让我们走近花草茶，一一解密它的好吧！

花草茶的养生功效

花草茶深受人们喜爱，不仅因为它好喝好闻，还因为它含有众多营养成分，具备很多养生功效。具体言之，花草茶含有丰富的维生素B、维生素C、维生素E、钙、铁、镁等营养成分。长期饮用可以调整体质，减轻不适症状，令人容光焕发，神清气爽；既可美容养颜，又可增强人体免疫力，延缓衰老。例如：

金银花具有清热、解毒、润肺化痰、通筋活络的功效。用金银花、大黄，按照3：1的用量，一并泡茶饮用，并以适量的蜂蜜调味，就可起到通便的效果。

茉莉花可改善昏睡及焦虑现象，对慢性胃病、月经失调也有辅助疗效。茉莉花与粉红玫瑰花搭配冲泡饮用还有瘦身的效果。

洋甘菊有松弛神经、安抚心神、舒缓头痛等功效，饭后喝洋甘菊茶可以助消化，睡前喝则可以安眠。

……

花草茶的选购与保存

市场上的花草茶种类繁多，有的以单品出售，有的以茶包的形式出售。不管是哪种方式，人们在选购时都要先了解清楚它们的功效，进而再用以下的方法对其进行鉴别。

看外观：新鲜干燥且完整饱满的花草茶为优质花草茶。如果花草茶已经变色，多为过期产品或受潮产品，不建议选购。

闻气味：新鲜的花草茶一般具有花草天然的香气，选购时可以闻一下看是否具有自然干爽的清香。有些不良商家会添加一些人工的香料来掩盖原来的气味。

试喝花草茶：试喝花草茶是比较可靠的一种方式，能更进一步鉴定它们的品质好坏。试喝时最好不要加冰糖及蜂蜜等辅助调味品，不然会掩盖花草茶原来的味道，影响做出正确的判断。

不宜购买太多：花草茶比较容易受潮变色，所以一次不要购买太多，可以少量分多次购买。如果不是很清楚各种花草茶之间如何搭配饮用，可以直接购买商家已经搭配好的花草茶茶包。

花草茶的保存及饮用期限一般以6～8个月为最佳，买回来的花草茶要妥善保管，不然会影响它的饮用品质。那么该如何保存花草茶呢？

密封保存：无论是将饮用剩下的花草茶放在什么容器中，都一定要密封好，以免氧化或受潮。

选对盛放的容器：最好将花草茶放在陶瓷制的茶罐中保存，它最能保持干燥花草茶的品质稳定。如果是用透明玻璃瓶则一定要避光保存。最好不用塑料袋进行保存，但可以选用棕色的纸袋。

放置在阴凉干燥处：花草茶最怕潮湿的环境，因为这种环境会让花草茶的香气流失掉。所以尽量放置在干燥阴凉处，同时要避免阳光的暴晒。

花草茶的正确冲泡

或许你认为冲泡花草茶还不简单吗？直接将它们放在杯中，冲入热水，闷一会饮用即可。如果你这样想的话，那就大错而特错了。冲泡花草茶有许多学问和讲究呢！

冲泡用水：由于水温和水质都能影响花草茶的口感，所以冲泡用水很关键。最好是选用天然山泉水或者矿泉水。水温在 90 ～ 95℃时比较合适，因为能诱发出花草茶最纯正的味道。

冲泡茶具：泡花草茶时，最好选用透明的玻璃壶。这样既可以欣赏到花朵的姿态，又闻到诱人的花香，在嗅觉、味觉和视觉上都得到很好的享受。

冲泡方式：一般分为锅煮法（用锅将水煮开，放入花草茶用小火煮片刻，过滤出茶水）、直接冲泡法（将花草茶放入茶壶中，直接加入热水浸泡）、半壶热水冲泡法（先在壶中放入半壶热水，放入花草茶后再注满水浸泡）、花草放入热水法（壶中盛满热水后再放入花草茶浸泡）。

冲泡时间：由于花草茶的种类繁多，所以它们的最佳冲泡时间也不一而足。一般说来容易释放出香味的花、叶类花草茶浸泡 5 分钟左右即可；比较结实的果实、树皮类花草茶则需要 15 分钟左右的时间。无论多长时间，都需要再静置一会，等它们完全释放出自身的芬芳以后再饮用。

花草茶的饮用宜忌

花草茶虽然具有全面的养生功效，但是每种花草茶都有自己独特的药性，在饮用时不可盲目，而应谨慎选择，最好注意以下事项：

饮用须适量：在饮用花草茶时，要根据配方比例，再结合自己的体质，掌握好分量，切不可过量饮用。

搭配不可过杂：一次冲泡的花草茶不可太杂，尽量不要超过 3 ～ 4 种，最好能在医师的指导下饮用。

女性特殊时期慎饮：花草茶对女性来说是最佳的饮品，但是由于女性生理的特殊性，在月经期、怀孕期、临产期、哺乳期、更年期等期间不宜贸然饮用，以免产生负面影响，不利于身体健康。

不要加入过量调味品：如果加入太多的冰糖、蜂蜜、柠檬汁、鲜奶等都会掩盖花草茶本身的味道，进而影响其天然口感。可以在花草茶浸泡 2 ～ 3 分钟时，加入一点调味品，切忌过多。

Part 2

四季巧饮花草茶

“春生、夏长、秋收、冬藏”是四季的不同特点，所以不同的季节便对应着不同的花草茶。每种花草茶都与属于它的季节有着千丝万缕的联系，饮用得当使得这个季节尤其美丽，所以在花草茶的饮用上我们要遵循“天人相应，顺时而饮”的原则。那么对应着春、夏、秋、冬 4 个不同季节，我们应该怎样巧饮花草茶呢？下面我们走进四季花草茶的世界一窥究竟吧！

春季篇：

补气养肝，清淡调神

中医认为，肝气主升、主动，与春升之气相应，所以春季宜养肝。春天阳气刚刚生发，有利于肝气的生发、调畅，此时饮用集茶香花香于一体的花草茶，不仅可以解“春困”，还可以提神醒脑，祛除寒邪。此时选择花草茶宜以清轻升发、疏肝解郁、温养阳气为主，如茉莉花茶、菊花茶、金银花茶、玫瑰花茶等。

蒲公英茶

材料：

蒲公英干品……………………………… 10 克
冰糖…………………………………………适量

冲泡方法：

1
将蒲公英放入杯中。

2
冲入开水。

3
浸泡片刻，加冰糖调味即可。

养生功效：

蒲公英茶具有清热解毒、利尿通淋、消肿散结的功效，还可预防感冒和肝硬化。

饮用宜忌：

蒲公英茶会降低血压，所以不适合低血压的人。

你也可以这样做：

如果口味不嗜甜，可以将冰糖换成绿茶，功效更明显。

食材小偏方：

跌打损伤

配方：
新鲜蒲公英适量。

制作：
将新鲜蒲公英洗净捣烂，敷患处，可以多换敷几次。

功效：
有利于跌打损伤后的瘀血消散、创口愈合。

桂花茶

材料：

桂花干品……………………3 克

养生功效：

桂花茶具有止咳化痰、润肺、温中散寒的功效，常用于解除口干舌燥、胀气、肠胃不适等。

冲泡方法：

1. 将桂花干品放入杯中。
2. 冲入开水。
3. 闷泡 5 ～ 8 分钟，饮用即可。

花草随笔

桂花对古代读书人来说是一种吉祥物，是荣誉的象征，是对金榜题名者的赞赏。考生金榜题名被称为“折桂”，科考考场被称为“桂苑”。据说唐代诗人白居易在考取进士后，得知堂弟白敏中考上第三名，于是写诗贺到：“折桂一枝先许我，穿杨三叶尽惊人。”

金银花茶

材料：

金银花干品……………………20 克
（或金银花鲜品…………15 朵）
蜂蜜或冰糖…………………少量

养生功效：

金银花茶具有清热解毒的功效，可治疗感冒，也可用于习惯性便秘。

冲泡方法：

1. 将金银花洗净放入杯中。
2. 注入开水，盖上盖。
3. 闷泡 10 分钟，等茶汤变成淡黄色即可饮用。

花草随笔

金银花初开时是银白色，几天后变为金黄色，故名“金银花”。但是在所有种类的金银花中，唯独白色金银花是药材中的上品。

玫瑰花茶

材料：

玫瑰花干品……………………10 克
（或玫瑰花鲜品……………15 朵）

养生功效：

玫瑰花茶具有养血调经、排毒通便、疏肝理气等功效，最适合因内分泌紊乱而肥胖的女性。

冲泡方法：

1. 将玫瑰花放入杯中。
2. 冲入沸水。
3. 浸泡 10 分钟即可饮用。

花草随笔

一代女皇武则天与四大美女之一的杨玉环都非常喜欢用玫瑰花养颜。武则天每天早晨必饮玫瑰花露，睡觉前将脸与全身敷满玫瑰花瓣，所以在她年过六十时仍然面如桃花。

甘菊茴香茶

材料:

甘菊………1/2 匙 茴香………1/3 匙
薄荷………1/3 匙 橙皮………1/3 匙

养生功效:

甘菊
润泽肌肤、清肝明目
+
茴香
和胃理气，增加胃肠蠕动
+
薄荷
杀菌抗菌、清心明目
+
橙皮
健脾和胃、行气宽中
=
健胃润肠、减肥消脂、明目

冲泡方法:

1. 将甘菊、茴香、薄荷、橙皮略冲洗，放入杯中。
2. 冲入沸水。
3. 浸泡 5 分钟饮用即可。

花草随笔

甘菊的品种有很多种，用于泡茶的代表性品种主要有罗马甘菊和德国甘菊。甘菊又被称为“月亮之花”，在拉丁语中被称为“高贵的花朵”，在古希腊被称为“苹果仙子”。

七彩菊枸杞柠檬茶

材料：

七彩菊……………………………3 克
枸杞………………………………3 克
柠檬………………………………1 片

养生功效：

枸杞（滋补肝肾、补虚生精、养肝明目）+ 七彩菊（散风清热、护肤养颜、清心润肺）+ 柠檬（清热化痰、美白肌肤）= 清肝明目、清心润肺、美白容颜

冲泡方法：

1. 将七彩菊、柠檬、枸杞放入杯中。
2. 冲入沸水。
3. 浸泡 5 分钟即可饮用。

花草随笔

枸杞含有多种维生素和营养物质，常与熟地、菊花、山药等同用，能促进肝细胞的新生，还能降血压、血糖和血脂。

罗兰茉莉玫瑰茶

材料：

紫罗兰··························3 克
茉莉花··························3 克
玫瑰花··························3 克
金盏花··························3 克

养生功效：

茉莉花：健脾养胃、强心益肝、舒筋活血
＋
紫罗兰：排毒养颜、降脂减肥
＋
玫瑰花：清热解毒、调气血
＋
金盏花：清凉降火、滋润皮肤
＝
排毒养颜、理气活血、美白肌肤

冲泡方法：

1. 将紫罗兰、茉莉花、玫瑰花、金盏花一同放入杯中。
2. 冲入开水。
3. 浸泡 5 分钟即可饮用。

花草随笔

希腊神话记述，主管爱与美的女神维纳斯，因情人远行，依依惜别，晶莹的泪珠滴落到泥土上，第二年春天竟然发芽生枝，开出一朵朵美丽芳香的花儿来，这就是紫罗兰。

陈皮甜菊花茶

材料：

陈皮……………………………………3 克
甜菊花…………………………………2 克

冲泡方法：

1
将陈皮、甜菊花一同放入杯中。

2
冲入开水。

3
浸泡 5 分钟，饮用即可。

养生功效：

陈皮温胃散寒、理气健脾，甜菊花清热去火、缓解眼疲劳，二者相配，可以清热去火、温胃散寒、明目、健脾理气等。

饮用宜忌：

陈皮药性偏温燥，有口干舌燥、干咳、无痰等症状的阴虚患者不宜过多饮用。

你也可以这样做：

可以购买较多材料，然后用茶包分开包好，这样每次冲泡的时候直接泡茶包就行，携带方便，更省劲省时。

食材小偏方：

陈皮红枣汤

配方：
陈皮 50 克，红枣 10 枚，白糖适量。

制作：
1. 陈皮、红枣放入砂锅中，加入清水煎煮 15 分钟。
2. 加少量白糖代茶饮。

功效：
清热解毒，保肝退黄。

金银茉莉菊花茶

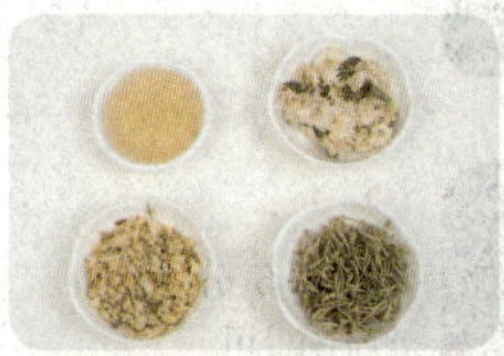

材料：

金银花……………………………2 克
茉莉花……………………………2 克
菊花………………………………2 克
蜂蜜………………………………适量

养生功效：

金银花：清热解毒、通经活络、疏风散热、护肤美容
+ 茉莉花：理气止痛、温中和胃
+ 菊花：清热去火、缓解眼疲劳
= 清热解毒、温中和胃、理气开郁、明目

冲泡方法：

1. 将金银花、茉莉花、菊花一起放入杯中。
2. 冲入沸水浸泡。
3. 晾温后加入蜂蜜调匀即可。

花草随笔

据说在外国香水引进我国之前，人们便将茉莉花作为当时“名贵”的香水来使用。茉莉花不但极香，而且香中有着清婉柔淑的独特韵味，加之花期比较长，所以深受人们喜爱。

玫瑰桃花茶

材料：

桃花……………………………4 克

玫瑰花…………………………3 克

养生功效：

玫瑰花：美容养颜、调经养血、排毒通便

＋

桃花：美白祛斑、泻下通便、利水消肿

＝

祛痘补水、美白祛斑、调理气血

冲泡方法：

1. 将桃花、玫瑰花一同放入杯中。
2. 在杯中加入适量沸水冲泡。
3. 静置 8 分钟即可饮用。

花草随笔

据说有一种病叫“桃花疯”，患者总是在每年桃花盛开的时候发作，主要表现为兴奋、难以入睡，不停地唱歌、说话，甚至到处奔跑跳跃。要想治愈这种病，可让患者吃鲜桃花，将心里的肝火、心火排出，即可痊愈。

玫瑰茉莉荷叶茶

材料：

荷叶…………………………7 克
川芎…………………………6 克
玫瑰花………………………2 克
茉莉花………………………2 克
玳玳花………………………2 克

养生功效：

茉莉花（舒筋活血、健脾养胃）+ 玫瑰花（调理气血，纤体瘦身）+ 荷叶（散瘀止血、减肥瘦身）= 行气活血、消脂减肥、美容养颜

冲泡方法：

1. 将荷叶、川芎、玫瑰花、茉莉花、玳玳花一同放入花茶壶中。
2. 在花茶壶中加入适量沸水冲泡。
3. 静置 10 分钟后，装杯温饮即可。

花草随笔

荷叶经过炮制后味苦涩、微咸，性辛凉，对多种病症均有一定疗效。荷叶茶的第一泡具有明显的减肥效果，有便秘迹象的人每天喝 4 次荷叶茶，便可以大便畅通，对减肥也有帮助。注意荷叶茶用于减肥时，最好是空腹饮用。

玫瑰决明子山楂茶

材料：

玫瑰花…………………………5 克
决明子…………………………5 克
山楂……………………………5 克
甘草……………………………5 克
薄荷……………………………5 克

养生功效：

玫瑰花（调理气血，排毒通便）+ 决明子（清肝明目、润肠通便）+ 甘草（补脾益气）+ 山楂（活血化瘀、降低血压和胆固醇）+ 薄荷（杀菌抗菌、清心明目）= 活血化瘀、清肝明目、润肠通便

冲泡方法：

1. 将玫瑰花、决明子、山楂、甘草、薄荷叶一同放入花茶壶中。
2. 在花茶壶中加入适量沸水冲泡，静置 8 分钟。
3. 过滤，装杯即可饮用。

花草随笔

决明子为豆科一年生草本植物决明或小决明的干燥成熟种子，具有清肝明目、利水通便的功效，是一种比较温和的通便药，可治疗老年人的热结便秘，也适合电脑族、办公室一族等久坐群体饮用。

金银花山楂贡菊茶

材料：

金银花……………………… 10 克
山楂………………………………5 克
贡菊………………………………5 克

养生功效：

金银花：清热解毒、疏风散热、护肤美容
＋
山楂：活血化瘀、降低血压和胆固醇
＋
贡菊：清肝明目、清凉解表
＝
既能清热解毒、疏风散热，又能减肥、祛痘，并且对流感有一定疗效

冲泡方法：

1. 将金银花、山楂、贡菊一同放入杯中。
2. 在杯中加入适量沸水冲泡。
3. 8 分钟后饮用即可。

花草随笔

据民间传说，“黄山贡菊”原是宋朝徽商从浙江德清县作为观赏艺菊引进的。有一年大旱，许多人得了红眼头痛病，有人采用鲜菊花泡水降火，十分灵验。清光绪年间，京城也流传红眼病，皇上下旨，遍访名医良药，徽州知府献上徽州菊花干，京人泡服后眼疾即愈。于是徽菊名气大振，被尊称“贡菊”。

薰衣草茶

材料:

干薰衣草……………………5 克

养生功效:

薰衣草茶具有提神醒脑、增强记忆、安神镇静、改善睡眠、调节内分泌、淡化疤痕、养颜美容的功效。

冲泡方法:

1. 将干薰衣草放入杯中。
2. 倒入开水，浸泡。
3. 10 分钟后饮用即可。

花草随笔

薰衣草是常见的西式香草，具有多种用途，既可以晒干后直接放在书橱中，驱虫防蛀；还可以制成精油直接涂抹在皮肤上使用；也可以添加到醋、酒、果冻、酱汁中增加独特风味。

柠檬菊花茶

材料:

柠檬……………………………3 克
菊花……………………………适量
蜂蜜……………………………适量

养生功效:

柠檬：开胃提神、清热化痰、美白肌肤
+
菊花：散风清热、清肝明目
=
清热解暑、化痰明目

冲泡方法:

1. 将柠檬、菊花放入杯中。
2. 冲入沸水，浸泡。
3. 晾温后调入蜂蜜饮用即可。

花草随笔

柠檬因其味极酸，孕妇最喜食，故称益母果或益母子。柠檬中含有丰富的柠檬酸，被誉为“柠檬酸仓库”。柠檬为芸香科常绿小乔木，原产马来西亚。美国和意大利是柠檬的著名产地，而法国则是世界上食用柠檬最多的国家。

枸杞菊花乌龙茶

材料：

枸杞子………………………… 20 克
乌龙茶……………………………5 克
菊花………………………………适量

养生功效：

菊花
散风清热、清肝明目、解毒消炎

＋ 枸杞子
滋补肝肾、养肝明目

＋ 乌龙茶
提神益思、消食去腻、减肥健美

＝ 清热提神、养肝明目

冲泡方法：

1. 将枸杞子、菊花、乌龙茶放入杯中。
2. 冲入开水。
3. 加盖稍微浸泡即可饮用。

花草随笔

关于乌龙茶的名字由来，有很多传说，一为产地说；二为茶树品种而来；三为制茶之人名称而来；四以茶叶形态色泽而来。不论由地名而来还是由茶树品种名而来的乌龙茶，只要制法相同，统称为乌龙茶，乌龙茶有很多著名品种，如铁观音、大红袍等。

茉莉花茶

材料:

茉莉花……………………………7 克

养生功效:

茉莉花茶具有抗菌平喘、舒筋活血、健脾养胃、强心益肝、振奋精神的功效,可改善昏睡、焦虑、痛经等现象。

冲泡方法:

1. 将茉莉花放入茶壶中。
2. 冲入沸水。
3. 盖上盖闷 5 分钟,即可饮用。

花草随笔

茉莉花茶,在中国的花茶里,有“可闻春天的气味”之美誉。茉莉花是菲律宾、突尼斯、印尼的国花。在突尼斯还爆发了茉莉花革命。它象征着爱情和友谊,表示忠贞与尊敬。

茉莉薄荷茶

材料：

茉莉花……………………2 克
马鞭草……………………2 克
薄荷………………………2 克

养生功效：

茉莉花（舒筋活血、健脾养胃）+ 薄荷（杀菌抗菌、清心明目）+ 马鞭草（清热解毒、活血散瘀）= 舒筋活血、健脾养胃、清心明目

冲泡方法：

1. 将茉莉花、马鞭草、薄荷一起放入杯中。
2. 冲入沸水浸泡 5 分钟。
3. 滤出茶汤，温饮即可。

花草随笔

薄荷的品种超过 500 个，当中最为人所知的有黑胡椒薄荷和绿薄荷，其余的还有苹果薄荷、橘子薄荷、香水薄荷等，大多是以它独有的香气而命名，每种都有清凉的香味。花色有白、粉、淡紫等，低调而不张扬，组成唇形科特有的花茎。

五味子绿茶

材料：

绿茶……………………………3 克
五味子…………………………2 克
蜂蜜……………………………适量

养生功效：

五味子
护肝消炎、有益视力、延缓衰老

+

绿茶
降火明目、清热解暑、消食化痰

=

具有清热护肝、降火明目的功效，对神经衰弱有一定疗效

冲泡方法：

1. 将绿茶、五味子一同放入杯中。
2. 在杯中加入适量沸水冲泡，静置。
3. 待温热后加入蜂蜜，搅拌均匀饮用即可。

花草随笔

五味子，顾名思义是一种具有辛、甘、酸、苦、咸五种药性的果实，在一般只带有一两种药味的中药材当中，实属独特。这种五味俱全、五行相生的果实，能对人体的五脏发挥平衡作用。早在两千多年前，王宫贵族和中药名师已普遍采用五味子作为强身妙品。

马鞭草洋甘菊茶

材料：

马鞭草……………………………3 克
柠檬草……………………………3 克
玫瑰花……………………………3 克
迷迭香……………………………3 克
洋甘菊……………………………3 克

养生功效：

马鞭草
清热解毒、活血散瘀
+
柠檬草
健脾胃、去水肿
+
玫瑰花
调理气血、排毒通便
+
迷迭香
提神醒脑、减肥消水肿
+
洋甘菊
润泽肌肤、清肝明目
=
清热解毒、调理气血、减肥消肿

冲泡方法：

1. 将所有材料放入茶壶中。
2. 冲入沸水浸泡。
3. 10 分钟后即可饮用。

花草随笔

在基督教中，马鞭草被视为神圣的花，经常被用来装饰祭坛。它经常被插在病人床前，来解除魔咒。在古欧洲，马鞭草被视为珍贵的神圣之草，在宗教庆祝的仪式中被赋予和平的象征。传说马鞭草在文艺作品中对吸血鬼有克制作用。

夏季篇：

去湿防暑，祛烦养心

夏季是阳气最盛的时候。中医认为心与夏季相通，因为人体的心为火脏而阳气最盛，同气相求。这时候要多饮一些去湿防暑、祛烦养心的花草茶，例如薄荷茶、洛神花茶等都可以。

薰衣草柠檬茶

材料：

薰衣草……………………………………3 朵
柠檬……………………………………1 片
蜂蜜……………………………………适量

冲泡方法：

1
将薰衣草、柠檬片放入杯中。

2
冲入沸水浸泡。

3
晾温后调入适量蜂蜜即可饮用。

养生功效：

薰衣草（提神醒脑、增强记忆、止痛、安神镇静）+ 柠檬（生津止渴、缓和神经、促进血液循环）+ 蜂蜜泡茶饮用，可以提神醒脑、祛烦养心、促进血液循环。

饮用宜忌：

孕妇最好不要饮用。

你也可以这样做：

可以将薰衣草放在香包中，挂在车内或房间内，起到祛除异味的功效。

食材小偏方：

放松身体

配方：
薰衣草精油适量。

制作：
在洗澡水中加入薰衣草精油，然后浸泡洗浴。

功效：
用薰衣草精油泡澡可使全身肌肉放松，镇静紧张的大脑和神经，起到放松作用，帮助身体恢复活力。

金盏花茶

材料：

金盏花干品……………………3朵
蜂蜜………………………………适量

养生功效：

金盏花茶具有清热降火、清心养目、凉血止血、消炎抗菌的功效。

冲泡方法：

1. 将金盏花放入杯中。
2. 冲入开水浸泡。
3. 待水温下降加蜂蜜调味即可。

花草随笔

在欧美，金盏花花语寓意“伤感”、“分离”、“悲哀”。希腊神话中，金盏花又有“离别之痛”、“迷恋”等花语。我国由于金盏花可醒酒，则有“提醒”的寓意。

金莲花薄荷茶

材料：

金莲花……………………………2 克
薄荷………………………………3 克
薰衣草…………………………1/2 匙

养生功效：

金莲花
清热解毒、滋阴降火、杀菌美容

＋

薄荷
杀菌抗菌、清心明目

＋

薰衣草
提神醒脑、止痛、调节内分泌

＝

能清热解毒，防止喉咙沙哑干涩，对上呼吸道感染、扁桃体炎、咽炎、口疮、目赤等均有疗效

冲泡方法：

1. 将金莲花、薄荷、薰衣草略冲洗，一同放入杯中。
2. 在杯中加入适量沸水冲泡。
3. 静置 3 分钟后饮用即可。

花草随笔

金莲花为稀有野生植物，喜清凉湿润的环境，多生长在海拔 1800 米以上的高山草甸或疏林地带。在中国很多地方金莲花都有生长，其中产自河北省承德市围场县坝上草原的金莲花色泽艳丽，花朵硕大，品相上乘；内蒙古产金莲花花朵偏小；安徽黄山的金莲花花朵则色泽相对偏暗。

槐花茶

材料：

槐花干品……………………10 克
冰糖…………………………适量

养生功效：

槐花	+	冰糖
止血凉血、清肝泻火		养阴生津、润肺止咳

=

清肝泻火、清热凉血

冲泡方法：

1. 将槐花放入杯中。
2. 倒入开水冲泡。
3. 10 分钟后，加冰糖饮用即可。

花草随笔

槐花具有淡淡的、素雅的清香，在我国古诗词中多有提及，多借以表达一种悲凉和愁思。像子兰在《太平坊寻裴郎中故宅》中写的“昔年住此何人在，满地槐花秋草生”。

百合花茶

材料：

百合花……………………………3 克
蜂蜜………………………………适量

养生功效：

百合		蜂蜜
润肺止咳、清热、宁心安神	+	润肺止咳、护肤美容

=

清凉润肺、排毒养颜、祛斑美白，对肺热干咳、眩晕、痰中带血等症均有良好的疗效

冲泡方法：

1. 将百合花放入杯中。
2. 冲入开水，浸泡。
3. 晾温后调入蜂蜜饮用即可。

花草随笔

百合的球茎含有丰富淀粉质，部分品种可作为蔬菜食用。以食用价值著称于世的中国兰州百合，最早记载在甘肃省平凉县志中，迄今已有 450 多年的历史。兰州七里河等地区广泛栽种食用百合，在国内外享有很高声誉。

洛神花茶

材料:

洛神花……………………………………………2 朵
冰糖…………………………………………………适量

冲泡方法:

1
将洛神花、冰糖一起放入杯中。

2
加入沸水冲泡5分钟。

3
搅拌至冰糖完全溶化，滤出茶汤温饮即可。

养生功效:

洛神花（清热解渴、清心降火、养颜消斑）+ 冰糖（养阴生津、润肺止咳、降火）= 清心降火、养颜消斑、提神明目等功效

饮用宜忌:

胃酸过多者尽量少饮用。由于本花草茶性凉，月经期，妊娠期的女性不宜尝试。

你也可以这样做:

还可以加入点陈皮一起泡茶饮用。

食材小偏方:

洛神花果酱

配方：

新鲜洛神花、糖各600克，盐2克，水250毫升。

制作：

1. 洛神花洗净，加水小火焖软，放入料理机打碎成泥。
2. 锅中放入洛神花泥与糖，以中小火煮滚至糖溶化。
3. 转小火煮3分钟，调入盐，待凉后装罐即可。

功效：

滋味香甜，具有清热养颜的功效。

桃花茶

材料：

桃花……………………………5 克

冰糖（或蜂蜜）……………适量

养生功效：

桃花：泻下通便、利水消肿、美白祛斑、活血化瘀

\+

冰糖：养阴生津、清热降火

=

利水消肿、美白祛斑、活血化瘀，对积滞、小便不利、经闭等症有一定疗效

冲泡方法：

1. 将桃花放入杯中。
2. 冲入开水浸泡 5 分钟。
3. 加冰糖或蜂蜜饮用即可。

花草随笔

中国古人很早就认识到桃花的美容价值。据现存最早的药学专著《神农本草经》记载，桃花具有“令人好颜色”之功效。

菊花茶

材料：

干菊花………………… 4～5朵
冰糖…………………………适量

养生功效：

菊花：松弛神经、清肝明目、散风清热
＋
冰糖：清热降火
＝
清热降火、清肝明目、舒缓头痛、降血压，对感冒风热、咽喉肿疼、耳鸣、高血压、眩晕等症有一定疗效

冲泡方法：

1. 将干菊花放入杯中。
2. 冲入沸水。
3. 浸泡3分钟，放入冰糖饮用即可。

1

2

3

花草随笔

菊花盛开在百花凋零之后，不争宠夺丽，而以素雅坚贞取胜。人们喜爱它的清秀神韵，更爱它凌霜盛开的傲骨。中国古代诗人尤爱以菊名志，常用菊花比拟自己的高洁情操、坚贞不屈。

玫瑰薄荷茶

材料：

玫瑰花……………………3 克

薄荷叶……………………3 克

蜂蜜………………………适量

养生功效：

薄荷：杀菌抗菌、清心明目

+

玫瑰花：降火气、调理气血、纤体瘦身

=

二者搭配蜂蜜饮用具有清心明目、降火气、杀菌抗菌、美容养颜的功效

冲泡方法：

1. 将玫瑰花、薄荷叶放入杯中。
2. 冲入适量沸水，浸泡。
3. 晾温后调入蜂蜜，饮用即可。

花草随笔

玫瑰花最好不要与茶叶泡在一起饮用，因为茶叶中含有大量鞣酸，鞣酸会直接影响玫瑰花疏肝解郁的功效。

菊花人参茶

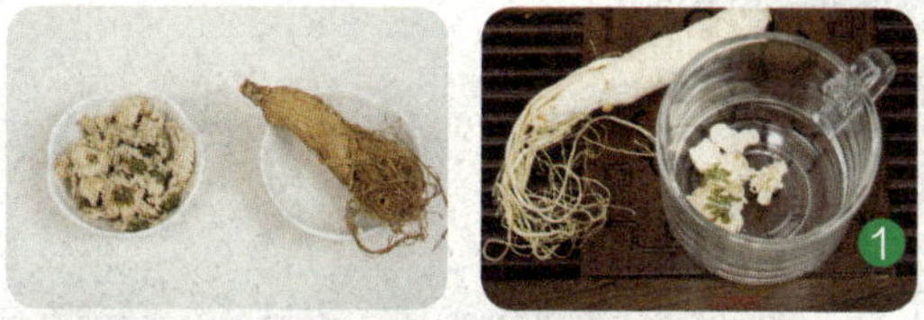

材料：

菊花……………………………3 朵
人参……………………………1 克

养生功效：

菊花：舒缓头痛、散风清热、清肝明目、解毒消炎
＋
人参：大补元气、固脱生津、安神
＝
清肝明目、清热降火、补益安神，对于感冒风热、咽喉肿疼、眩晕等症有效

冲泡方法：

1. 将菊花、人参放入杯中。
2. 冲入沸水浸泡。
3. 静置 8 分钟后即可饮用。

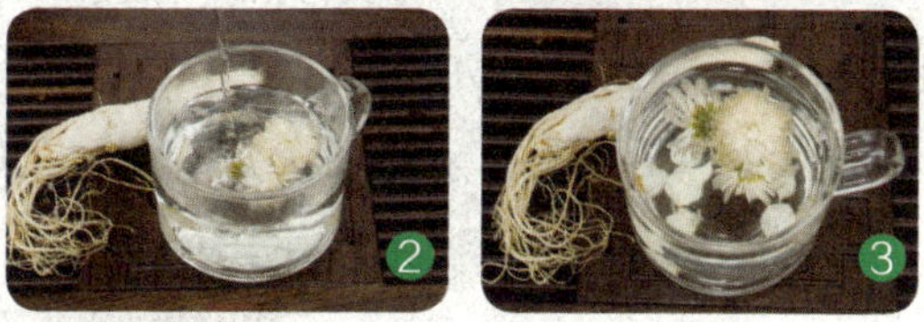

花草随笔

人参根部肥大，形若纺锤，常有分叉，全貌颇似人的头、手、足和四肢，古代人参的雅称为黄精、地精、神草。人参被人们称为“百草之王”，以产于东北者疗效最佳，是闻名遐迩的“东北三宝”（人参、貂皮、鹿茸）之一。

普洱菊花茶

材料：

普洱茶……………………………3 克

菊花………………………………2 朵

养生功效：

菊花
散风清热、清肝明目、解毒消炎、降血压

\+

普洱茶
降脂、减肥、降压、消炎杀菌

=

清肝明目、清热降火、降血脂、降血压、消炎杀菌，对口干、火旺、目涩或由风热引起的肢体疼痛、麻木等均有一定的疗效

冲泡方法：

1. 将普洱茶、菊花一起放入杯中。
2. 冲入开水泡 3 分钟。
3. 过滤出茶汤，温饮即可。

花草随笔

普洱茶外形色泽褐红，内质汤色红浓明亮，香气独特陈香，滋味醇厚回甘。“越陈越香”被公认为是普洱茶区别于其他茶类的最大特点，“香陈九畹芳兰气，品尽千年普洱情”。普洱茶是“可入口的古董”，不同于别的茶贵在新，普洱茶贵在“陈”，往往会随着时间逐渐升值。

洋甘菊茶

材料：

洋甘菊……………………………10 克
蜂蜜………………………………少量

养生功效：

洋甘菊：帮助睡眠、润泽肌肤、清肝明目、降低血压
+
蜂蜜：润肺止咳、护肤美容
=
退肝火、明目、润泽肌肤、缓解失眠、降低血压、增强记忆力、降低胆固醇

冲泡方法：

1. 将洋甘菊放入杯中。
2. 用开水冲泡。
3. 晾温后调入蜂蜜即可饮用。

花草随笔

甘菊在拉丁语中被称为“高贵的花朵”，在古希腊被称为“苹果仙子”。古埃及人对洋甘菊十分推崇，常用其来退烧和处理神经疼痛的问题；古罗马时期，则以洋甘菊来治疗蛇咬。

菩提叶茶

材料：

菩提叶……………………………3 克

养生功效：

菩提叶具有镇定神经、安眠、利尿、分解脂肪、减肥消脂等功效，泡茶饮用能舒缓失眠、抚平焦虑，可治疗感冒及慢性失眠，并有助于缓解神经衰弱及高血压，还能消除赘肉、避免皱纹和黑斑的生成。

冲泡方法：

1. 将菩提叶放入杯中。
2. 冲入沸水。
3. 浸泡 5 分钟即可饮用。

花草随笔

菩提原产于欧洲，是常见的行道树。在炎炎夏日里，菩提树会散发出轻柔的香味，令人心神放松，所以很多妈妈都会带好动的小孩子到树下让其平静情绪，所以菩提茶又称为“母亲茶”。

迭香双花茶

材料：

合欢花……………………………4 克
百合花……………………………2 克
迷迭香……………………………2 克

养生功效：

合欢花：解郁安神、滋阴补阳、活血安神
+
百合花：润肺止咳、清热、宁心安神
+
迷迭香：减肥、消水肿、抵御电脑辐射、提神醒脑
=
清热消肿、抵御电脑辐射、宁心安神

冲泡方法：

1. 将合欢花、百合花、迷迭香放入茶壶中。
2. 冲入沸水。
3. 浸泡 5 分钟饮用即可。

花草随笔

在维多利亚时代的英国，迷迭香的花语就有纪念的意思，象征着长久的爱情、忠贞不渝的友谊和永远的怀念。

金盏花绿茶

材料：

金盏花……………………2克
绿茶………………………适量
蜂蜜………………………适量

养生功效：

金盏花
清凉降火气、促进消化、滋润皮肤

+

绿茶
提神清心、清热解暑、生津止渴、降火明目

=

清心降火、促进消化、生津止渴，尤其适宜消化不良的患者饮用

冲泡方法：

1. 将金盏花、绿茶一同放入杯中。
2. 在杯中加入适量沸水冲泡8分钟。
3. 待温热后加入蜂蜜，搅拌均匀即成。

1

2

3

花草随笔

金盏花有一个别名，叫做“家庭主妇的时钟”。因为这种植物固定在早晨的某个时间开花，然后在晚上的某个时间闭合，是一种相当守时的花，因此它的花语是“一丝不苟”。

康乃馨茶

材料：

康乃馨干品…………………4 朵

养生功效：

康乃馨具有美容养颜、安神止渴、清心明目、消炎除烦、生津润喉、健胃消积的功效。

冲泡方法：

1. 将康乃馨干品放入玻璃杯中。
2. 冲入开水。
3. 泡 3 ～ 5 分钟即可饮用。

花草随笔

1907 年，美国费城的贾维斯（Jarvis）曾以粉红色康乃馨作为母亲节的象征。而在欧洲，康乃馨曾被用来治疗发热，在伊利莎白时代亦曾被用作葡萄酒与麦酒的香料添加剂，以代替价钱较贵的丁香。康乃馨通常开重瓣花，花色多样且鲜艳，气味芳香，代表了健康和美好。

金银连翘茶

材料：

金银花……………………………5 克

连翘………………………………5 克

养生功效：

金银花：清热解毒、润肺化痰、补血养血

\+

连翘：清热解毒、散结消肿

=

清热解毒、润肺化痰、去心烦

冲泡方法：

1. 将金银花和连翘冲洗净，放入杯中。
2. 冲入沸水。
3. 过滤取汁代茶饮。

1

2

3

花草随笔

连翘早春先开花后长叶，花开香气淡艳，满枝金黄，艳丽可爱，是早春优良观赏花木。适宜于宅旁、亭阶、墙隅、篱下与路边培植，也宜于溪边、池畔、岩石、假山下栽种。

金莲花百合枸杞茶

材料：

金莲花……………………3 朵
百合花……………………2 朵
金银花……………………5 根
枸杞………………………4 粒
甜菊叶……………………2 片

养生功效：

金莲花
清热解毒、滋阴降火、杀菌、美容

＋

百合
润肺止咳、清热、宁心安神

＋

枸杞
滋补肝肾、明目、强身健体

＋

金银花
清热解毒、通筋活络、止咳

＝

清热解毒、润肺止咳、宁心安神

冲泡方法：

1. 将所有材料均放入茶壶中。
2. 冲入沸水，浸泡。
3. 静置 10 分钟，温饮即可。

花草随笔

金莲花又叫旱荷、陆地莲、金疙瘩，是很好的装饰用花卉。庭院内可种在花坛内或墙边，让其顺墙攀附；还可用吊篮盆栽，翠叶红花纷披而下，点缀室内的空间；也可构成窗景，用窗箱栽培或盆栽置于书橱、高几架上。

秋季篇：

滋阴润肺，调理脾胃

一进入秋季，自然界的阳气开始收敛，阴气逐渐增长。中医认为肺气与秋气相通，肺气有宣发与肃降的作用，可以使人的气血顺利地从外面向里面走，所以这个过程与秋气相通。 这个季节的“秋燥”现象比较明显，燥邪容易乘虚而入伤肺、伤阴、伤津。因此，饮用花草茶时要以滋阴润肺、调理脾胃为主。

薄荷甘草茶

材料：

薄荷……………………………………………2 片
甘草……………………………………………2 克

冲泡方法：

1
将薄荷、甘草放入杯中。

2
冲入沸水浸泡7 分钟。

3
去掉渣叶，温饮即可。

养生功效：

薄荷具有杀菌抗菌、清心明目之功效。对流行性感冒、头痛、咽喉痛、牙床肿痛等病症有很好的缓解作用；甘草具有补脾益气、止咳润肺、缓急解毒、调和百药的功效。

饮用宜忌：

阴虚血燥、肝阳偏亢、表虚汗多者忌用。

你也可以这样做：

可以加入白糖调味，使茶饮的味道更好。

食材小偏方：

甘草饮

配方：

甘草 100 克，猪胆汁、蜂蜜、薄荷汤各适量。

制作：

1. 把甘草在猪胆汁中浸 5 天，取出炙后研细末。
2. 和蜂蜜做成丸子，如绿豆大。
3. 每次服 10 丸，饭后服，薄荷汤送下。

功效：

可以治疗小儿咳嗽。

菊花山楂茶

材料：

菊花……………………………3 克

山楂……………………………3 克

绿茶……………………………3 克

养生功效：

菊花
松弛神经、舒缓头痛、散风清热

\+

山楂
开胃消食、活血化瘀、增强食欲

\+

绿茶
提神清心、消食化痰

=

健脾、消食、清热、降脂，适用于冠心病、高血压、高脂血症、肥胖

冲泡方法：

1. 将菊花、山楂、绿茶放在茶杯中。
2. 冲入沸水浸泡。
3. 10 分钟后即可饮用。

1

2

3

花草随笔

我国人民对菊花颇为喜爱，不仅因为它有独特的观赏性，主要还在于它的药用价值。在春秋战国时代，屈原的《离骚》中就有“夕餐秋菊之落英”，足见当时的人们已将菊花的花当作蔬菜食用了。

龙井芦荟茶

材料：

芦荟……………………………1/2 支
龙井茶…………………………3 克
蜂蜜……………………………适量

养生功效：

芦荟：解毒消炎、健胃通便、美容护肤
\+ 龙井茶：生津止渴、提神益思
\+ 蜂蜜：润肺止咳、护肤美容
= 改善皮肤质地，营养美白肌肤，保持皮肤湿润娇嫩，健胃、防皱

冲泡方法：

1. 将芦荟去皮，只取内层白肉。
2. 将芦荟肉、龙井茶放入锅中慢火煮 20 分钟。
3. 过滤盛出，晾温后调入蜂蜜即可饮用。

花草随笔

食用芦荟前宜先做皮试，如果没有异常现象，方能食用。因为有些人的体质对芦荟有过敏现象，如出现皮肤红肿、刺痛、起疙瘩，腹痛等，严重的腹部还会有灼热感。初次内服，若出现恶心、呕吐或下泻等症状，有的是暂时现象。如果这种情况出现次数较为频繁，则应暂停用药或减量服用。过敏者如想食用，可少量外用或内服，等身体适应后再慢慢增量。

玫瑰银耳茶

材料：

玫瑰花……………………………5 克

银耳………………………………5 克

蜂蜜………………………………适量

养生功效：

玫瑰花：活血疏肝，醒脾和胃 + 银耳：富有天然植物性胶质，滋润功效显著 + 蜂蜜：润肺止咳、护肤美容 = 润肺止咳，美肤养颜，还可使心情愉悦

冲泡方法：

1. 将玫瑰花、银耳放入锅中，加入适量水。
2. 用小火煮 10 分钟。
3. 盛出，晾温，淋入蜂蜜即可饮用。

花草随笔

银耳能清肺热，故外感风寒者忌用。此外，忌食霉变银耳。因为银耳霉变后会产生毒素，对身体危害极大，严重者甚至会导致死亡。

枸杞茶

材料：

枸杞子……………………………20 克
冰糖………………………………适量

养生功效：

枸杞子含有多种维生素和营养物质，具有滋补肝肾、补虚生精、养肝明目、强身健体的功效。

冲泡方法：

1. 将枸杞子洗净，放入茶杯中。
2. 加入开水冲泡 3 ～ 5 分钟。
3. 加冰糖调味即可饮用。

花草随笔

枸杞子是日常生活中常见的一种药材，也可以说是食品。很多人会用枸杞子来泡水或是炖汤饮用，以此来缓解疲劳等不适症状。枸杞子还具有明目的功效，因此从事电脑行业以及教师行业的人群不妨多食用一些，对保护视力很有好处。

迷迭香茶

材料：

迷迭香……………………………5 克
冰糖………………………………适量

养生功效：

迷迭香具有减肥、消肿、抗老化、抵御电脑辐射、提神醒脑、降低胆固醇等作用，还能缓解头痛、增强记忆力、帮助消化。

冲泡方法：

1. 将迷迭香放入杯中。
2. 冲入开水浸泡 3 ～ 5 分钟。
3. 加冰糖调味即可饮用。

花草随笔

迷迭香有着青草一样的清凉气味和甜樟脑的气息，稍带刺激性，从古代起就被用来提高和加强记忆。直至今日希腊学生在考试前家里都会泡迷迭香茶，因为其独特的香味可以使人奋发向上。

玫瑰花红茶

材料：

玫瑰花……………………………3 朵
红茶………………………………2 克

养生功效：

玫瑰花：疏肝解郁，调理气血，纤体瘦身
+
红茶：抗氧化，延缓衰老
=
促进血液循环、调理气血，使人面色红润、皮肤充满活力

冲泡方法：

1. 将玫瑰花、红茶一起放入杯中。
2. 冲入沸水，浸泡。
3. 5 分钟后饮用即可。

花草随笔

玫瑰花自古就被用来比喻美丽的女人。办公室白领、家庭主妇、热恋中的少女，在空闲时间都可以泡上一杯玫瑰花红茶，在袅袅花香与茶香中，获得一份惬意和美丽。

柠檬草茉莉花茶

材料：

柠檬草……………………………………………1 匙
茉莉花……………………………………………1 匙

冲泡方法：

1
将柠檬草、茉莉花放入杯中。

2
加入适量沸水冲泡。

3
静置 3 分钟后即可饮用。

养生功效：

这款花草茶可解除燥热，舒缓心情，消除疲劳，同时促进消化与吸收，适用于下半身肥胖及食欲佳但便秘者饮用。

饮用宜忌：

孕妇应避免服用。

你也可以这样做：

喝剩下的茶水可以用来洗脸、泡脚，能够滋润皮肤。

食材小偏方：

茉莉花液

配方：

未开放茉莉花 50 克，冷开水 150 毫升，75% 乙醇 10 毫升。

制作：

1. 取茉莉花浸泡于冷开水中，再加入 75% 的乙醇搅拌均匀。
2. 密封 7 天后，过滤。每次先清洗面部，然后取适量茉莉花液涂面，并用手掌轻轻拍打，使药液渗入皮肤，重复 3 遍，每日 2 次即可。

功效：

香身润燥，使肌肤更加水嫩。

菊花乌龙茶

材料：

菊花……………………………3朵

乌龙茶…………………………3克

养生功效：

菊花：松弛神经、舒缓头痛、散风清热、清肝明目

＋

乌龙茶：提神益思、消除疲劳、生津利尿

＝

舒缓头痛、生津利尿、清肝明目

冲泡方法：

1. 将菊花、乌龙茶一起放入杯中。
2. 冲入沸水浸泡。
3. 温饮即可。

1

2

3

花草随笔

乌龙茶是经过杀青、萎凋、摇青、半发酵、烘焙等工序制出的品质优异的茶类，由宋代贡茶龙团、凤饼演变而来，创制于1725年（清雍正年间）前后。

马鞭草茶

材料：

马鞭草……………………………10 克
蜂蜜………………………………适量

养生功效：

这款花草茶清热解毒，通经散瘀，通利小便，可用于急性病毒性肝炎患者小便不利时。

冲泡方法：

1. 将马鞭草放入杯中。
2. 冲入沸水浸泡。
3. 晾温后加蜂蜜调味即可饮用。

花草随笔

马鞭草形状似马鞭状，夏秋间开淡紫色唇形花，多生长于原野。原产于欧洲，我国华东、华南和西南大部地区都有分布。

芙蓉花茶

材料：

芙蓉花……………………5朵
蜂蜜………………………适量

养生功效：

芙蓉花茶含有丰富的维生素C，能改善体质，滋润养颜，护肤美容，外用消肿散结拔毒，排脓止痛，内服清肺。

冲泡方法：

1. 将芙蓉花放入杯中。
2. 冲入沸水，浸泡。
3. 晾温后淋入蜂蜜即可饮用。

花草随笔

新鲜的芙蓉花带有天然花草的香气，闻起来有自然而干爽的感觉。若带有霉味、焦味、怪味，则不新鲜或者品质很差。如果味道过香不自然，则可能含有添加剂或者香料。

迷迭香山楂茶

材料：

迷迭香……………………………适量
山楂………………………………适量
冰糖………………………………适量

养生功效：

迷迭香
提神醒脑、增强记忆力、帮助消化

\+

山楂
开胃消食、活血化瘀、增强食欲

=

提神醒脑，消除脑部疲劳，还可以改善失眠、头痛等症状

冲泡方法：

1. 将山楂、迷迭香放入杯中。
2. 在杯中加入适量沸水冲泡。
3. 在杯中放入冰糖，搅拌溶化后饮用。

花草随笔

在西餐中迷迭香是经常使用的香料，多用于牛排、土豆等料理以及烤制品中。迷迭香很特别，清甜中带有松木香，香味浓郁，甜中带有苦味。

莲子心甘草茶

材料：

莲子心……………………2 克
甘草………………………2 克
蜂蜜………………………适量

养生功效：

莲子心		甘草
清心去烦、生津止渴	+	补脾益气、止咳润肺、调和百药

=

清心火、安神，主治心火内积所致的烦躁、失眠

冲泡方法：

1. 将莲子心、甘草一同放入杯中。
2. 在杯中加入适量沸水冲泡。
3. 待温热后加入蜂蜜，调匀后饮用即可。

花草随笔

莲子心清心去热、生津止渴，主治双目红肿，用莲子心冲水喝，还可以缓解便秘。有史料记载，乾隆皇帝每到避暑山庄总要用荷叶露珠泡制莲子心茶，以养心益智、调整元气、清心火与解毒。

金银花枸杞茶

材料：

枸杞……………………………2 克
金银花…………………………2 朵
冰糖……………………………适量

养生功效：

枸杞：滋补肝肾、补虚生精、养肝明目、强身健体
＋
金银花：清热解毒、疏散风热、护肤美容
＝
补肾益脑、清凉解乏、明目安神，常饮用可以有效地改善和保护电脑工作者的视力

冲泡方法：

1. 将枸杞、金银花放入杯中。
2. 冲入沸水浸泡 5 分钟。
3. 加冰糖温饮即可。

花草随笔

金银花适应性很强，喜阳、耐阴，耐寒性强，也耐干旱和水湿，对土壤要求不高，但以湿润、肥沃的深厚沙质壤上生长最佳。故农谚讲：“涝死庄稼旱死草，冻死石榴晒伤瓜，不会影响金银花。”

百合菊花茶

材料：

百合花……………………………………4 朵
菊花………………………………………5 朵
蜂蜜………………………………………适量

冲泡方法：

1
将百合花、菊花洗净放入茶壶中。

2
冲入沸水，浸泡。

3
待温热后调入蜂蜜，即可饮用。

养生功效：

菊花具有疏肝理气的功效，与百合花配合在一起，可以赶走坏情绪，愉悦身心。

饮用宜忌：

脾胃虚寒、腹泻的人不宜饮用。

你也可以这样做：

这款花草茶里面还可以加入金银花，起到清热解郁的功效。

食材小偏方：

百梨银汤

配方：

百合 1 个，雪梨 1/2 个，银耳、甜杏仁各适量。

制作：

1. 雪梨去皮核切块，银耳水发后撕成小朵，放入炖盅。
2. 加入清水，大火烧开，盖好盖，改小火炖 1 小时左右。
3. 待银耳软烂时，揭去盖放入洗好的百合与杏仁，加盖继续小火炖 30 分钟，即可食用。

功效：

可以治疗干咳，咽喉干燥疼痛等。

菊花大青叶茶

材料：

菊花…………………………3 克

大青叶………………………2 克

养生功效：

菊花
松弛神经、舒缓头痛、散风清热、清肝明目、解毒消炎

+

大青叶
清热解毒、凉血止血

=

舒缓头痛、散风清热、解毒消炎

冲泡方法：

1. 将菊花、大青叶放入茶杯中。
2. 冲入开水。
3. 浸泡 5 ～ 10 分钟即可饮用。

花草随笔

中国各地市售的大青叶品种甚多，植物来源各异，如爵床科植物马蓝、十字花科植物菘蓝及大青、蓼科植物蓼蓝、豆科植物木蓝的叶子都作为大青叶使用，也均能作为制青黛的原料，除木蓝外，其根均作为板蓝根使用。

紫罗兰桂花茶

材料：

紫罗兰……………………3 朵
桂花……………………少许
蜂蜜……………………适量

养生功效：

桂花
止咳化痰、养生润肺
＋
紫罗兰
润喉、清热解毒、调气血、排毒养颜、降脂减肥
＝
解除口干舌燥，消除眼睛疲劳，保养上呼吸道，治疗宿醉、口臭、伤风感冒

冲泡方法：

1. 将紫罗兰、桂花一起放入茶杯中。
2. 冲入开水，盖盖闷 10 分钟。
3. 稍凉后加入蜂蜜拌匀即可。

花草随笔

紫罗兰原产于欧洲南部，在欧美各国极为流行。它的花有淡淡幽香，欧洲人用它制成香水，深受女士们青睐。在中世纪的德国南部还有一种风俗，把每年第一束新采的紫罗兰高挂船桅，祝贺春返人间。

杏仁桂花茶

材料：

南杏仁··························15 克

桂花干品························10 克

养生功效：

杏仁	+	桂花
生津止渴、润肺平喘、滑肠通便、美容		止咳化痰、养生润肺

=

恢复皮肤滋润，预防秋燥，美容

冲泡方法：

1. 将南杏仁、桂花放入茶壶中。
2. 冲入沸水。
3. 盖上盖，20 分钟后即可饮用。

花草随笔

南杏仁又名甜杏仁、南杏，专供食用，含丰富蛋白质、植物脂肪，有润燥补肺、滋养肌肤的作用。若用于止咳，则以北杏仁入药。

乌龙茶柠檬饮

材料：

乌龙茶……………………………3 克
柠檬………………………………1 个

养生功效：

乌龙茶：提神益思、消除疲劳、生津利尿
+
柠檬：生津止渴、改善血压、缓和神经、帮助消化
=
促进新陈代谢，排除多余水分，适用于下半身水肿

冲泡方法：

1. 将柠檬挤出柠檬汁。
2. 将乌龙茶放入杯中，冲入沸水浸泡 3 分钟。
3. 滤出茶汤，滴入柠檬汁，即可饮用。

花草随笔

柠檬是芸香科柑橘属的常绿小乔木，原产东南亚，现主要产地为美国、意大利、西班牙和希腊。柠檬主要作榨汁用，有时也用作烹饪调料，但基本不用作鲜食。

冬季篇：

祛寒养肾，温补敛阴

冬季阴气较盛，人体的新陈代谢也趋于缓慢，这时应避寒就暖，敛阳护阴。中医认为寒气通于肾，寒邪会首先伤肾，而肾一旦受伤，就容易腰膝酸冷、感受风寒。故冬季应多饮用祛寒养肾、温补敛阴的花草茶。

桂花红茶

材料：

桂花……………………………………………2 克
红茶……………………………………………3 克

冲泡方法：

1
将桂花、红茶放入杯中。

2
冲入沸水，浸泡。

3
静置 6 分钟后，温饮即可。

养生功效：

可以散瘀止痛，有化痰止咳、生津、止牙痛、清心明目、解口燥功效，可用于治疗口腔炎、牙周炎、皮肤干裂、声音沙哑等。

饮用宜忌：

选用桂花干品，鲜桂花不宜直接食用。

你也可以这样做：

冲泡桂花红茶时，最好加盖，可以保留桂花和红茶的香气。

食材小偏方：

桂花玉米粥

配方：

阴干的桂花 3 克，玉米粒 50 克。

制作：

1. 将玉米粒拣去杂质，在水中浸泡 1 个小时后，放入锅中。
2. 倒入适量清水用大火煮开，10 分钟后用文火煮至玉米开花。
3. 加入桂花稍煮片刻即可，每日早晚各温服 1 次。

功效：

可以去除口臭。

柠檬草茶

材料：

柠檬草……………………………10 克

养生功效：

柠檬草能利尿解毒、消除水肿及多余脂肪，健脾胃，祛除胃肠胀气、疼痛，帮助消化。

冲泡方法：

1. 将柠檬草放入杯中。
2. 注入开水。
3. 浸泡 5 分钟，即可饮用。

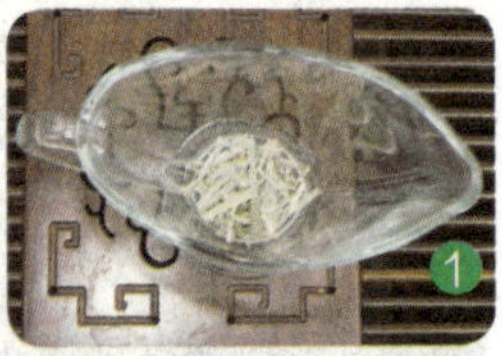

花草随笔

柠檬草也称柠檬香茅，是热带的芳香草，原产于亚洲，如印度、斯里兰卡、印尼等地，非洲等热带地区也有这种植物分布。柠檬草的叶子有浓密的柠檬味，花是灰色、圆锥形的，整株植物散发出沁人心脾的香味。

莲子心茶

材料：

莲子心……………………………5 粒

养生功效：

莲子心有清热、固精、安神、强心的功效，可辅助治疗高热引起的烦躁不安、神志不清等症，也可用于治疗高血压、心悸和失眠。

冲泡方法：

1. 将莲子心放入茶杯中。
2. 冲入开水。
3. 浸泡 5 分钟，即可饮用。

花草随笔

莲子心为成熟莲子种仁内的绿色胚芽，民间常用之泡茶饮用，有清心火、止遗精的作用，对心肾不交、阴虚火旺引起的失眠患者，食之最宜。

玫瑰蜂蜜红茶

材料：

玫瑰花…………………………3 朵
红茶……………………………3 克
蜂蜜……………………………适量

养生功效：

玫瑰花具有疏肝解郁、调理气血之功效，能促进新陈代谢、排毒通便、纤体瘦身、美容养颜、调整内分泌，最适合因内分泌紊乱而肥胖的女性。

冲泡方法：

1. 将玫瑰花、红茶均放入茶杯中。
2. 冲入沸水浸泡。
3. 温热后调入蜂蜜，搅拌均匀即可饮用。

花草随笔

玫瑰因枝秆多刺，故有“刺玫花”之称，诗人白居易谓之“菡萏泥连萼，玫瑰刺绕枝”。玫瑰花可提取高级香料玫瑰油，玫瑰油价值比黄金还要昂贵，故玫瑰有“金花”之称。

芍药红枣蜂蜜饮

材料：

芍药……………………………15 克
生姜…………………………… 2 片
红枣…………………………… 3 个
蜂蜜……………………………适量

养生功效：

芍药（通经活血）+ 生姜（解表散寒、温中止呕）+ 红枣（补中益气、宁心安神、益智健脑）= 养血温经，美容养颜，适用于女性痛经患者

冲泡方法：

1. 将芍药放入锅中，加入400毫升水煮开。
2. 待水剩下一半时放入生姜片、红枣，继续熬煮。
3. 几分钟后过滤装杯，晾温后调入蜂蜜即可饮用。

花草随笔

芍药花属毛茛科，为多年生宿根草本植物，花大且美，有芳香，古人评花牡丹第一，芍药第二，谓牡丹为花王，芍药为花相。因为芍药开花较迟，故又称为“殿春”。

玉美人茶

材料：

玉美人··························3朵
蜂蜜··························适量

养生功效：

玉美人能美容养颜、调养气血、润肤乌发，还能减肥瘦身。

冲泡方法：

1. 将玉美人放入杯中。
2. 冲入沸水浸泡。
3. 晾温后调入蜂蜜饮用即可。

花草随笔

玉美人，也叫龙胆花，别名虞美人，又称珠峰圣草，与冬虫夏草、雪莲等同誉为西藏之宝。

红枣枸杞茶

材料：

干红枣…………………………8 克
干枸杞…………………………3 克

养生功效：

红枣
补中益气、宁心安神、益智健脑

\+

枸杞
滋补肝肾、补虚生精、养肝明目、强身健体

=

对提高造血功能，改善贫血、养肝补气很有益处

冲泡方法：

1. 将干红枣、干枸杞洗净。
2. 将干红枣、干枸杞放入杯中，冲入适量沸水浸泡 8 分钟。
3. 待枸杞浮起，温饮即可。

花草随笔

干红枣是枣属植物的成熟果实枣经晾、晒或烘烤干制而成，果皮红至紫红色，又名华枣。原产于我国，至今已有 3000 多年的栽培历史，是我国特有的果树之一。

玫瑰普洱茶

材料：

玫瑰花…………………………………15 克
普洱茶…………………………………3 克
蜂蜜……………………………………适量

冲泡方法：

1
先将普洱茶放在杯碗中，注入开水。

2
第一泡茶倒掉不喝，第二泡加入玫瑰花。

3
再注入开水冲泡，待温热，加入蜂蜜即可。

养生功效：

玫瑰花加普洱茶一起冲泡，气味芳香宜人，而且能舒解胸闷、烦苦的心情，肝火旺、易发怒的人群，不妨多饮，效果不错。

饮用宜忌：

玫瑰花活血散瘀的作用比较强，月经量过多的女性在经期最好不要饮用。

你也可以这样做：

可以根据个人的口味，将蜂蜜换成冰糖，以减少玫瑰花的涩味，改善口感。

食材小偏方：

玫瑰露酒

配方：

鲜玫瑰花 350 克，白酒 1500 毫升。

制作：

1. 将玫瑰花泡在白酒中，浸泡月余，用瓷坛或玻璃瓶储存，不可加热。
2. 也可以在浸泡五六天的时候开始饮用，不要完全喝干，饮用到一半时，再按照玫瑰花和白酒 1 ∶ 4 的比例放入，继续浸泡。

功效：

是辅助治疗乳腺疾病，如乳腺增生的良药。

薏仁红枣茶

材料：

薏仁……………………………50 克
红枣……………………………25 克
绿茶…………………………… 2 克

养生功效：

薏仁（利水消肿、健脾去湿）+ 红枣（补中益气、宁心安神、益智健脑）+ 绿茶（提神清心、清热解暑、消食化痰）= 益气健脾、益智健脑、提神

冲泡方法：

1. 将绿茶用沸水冲泡。
2. 把薏仁与红枣（去核）混合，注入适量清水一起煮至软烂。
3. 放入绿茶汁，再一起煮 3 分钟，待稍凉即可饮用。

花草随笔

薏仁为禾本科一年生或多年生草本植物，以去除外壳和种皮的种仁入药。薏仁也是我国传统的保健食品之一，可做成粥、饭、各种面食供人们食用，尤其对老弱病者更为适宜。

薰衣草玫瑰茶

材料：

玫瑰花……………………………3克

薰衣草……………………………3克

养生功效：

玫瑰花：疏肝解郁、调理气血

＋

薰衣草：提神醒脑、增强记忆、止痛、安神镇静、松弛神经

＝

舒肝理气、活血美肌、松弛神经、缓和焦虑、舒缓身心

冲泡方法：

1. 将花茶壶冲洗干净。
2. 在花茶壶中放入玫瑰花和薰衣草。
3. 在花茶壶中冲入适量沸水，静置片刻，待花香味飘出，装杯，饮用即可。

花草随笔

薰衣草原产于地中海沿岸、欧洲各地及大洋洲列岛，如法国南部的小镇普罗旺斯；后被广泛栽种于英国，现美国的田纳西州、日本的北海道也有大量种植。

甜菊桂圆茶

材料：

干桂圆肉……………………5 粒
生姜…………………………1 片
甜菊叶………………………1 片

养生功效：

桂圆
补心安神、滋补强体、养血壮阳、益脾开胃
+
生姜
解表散寒、温中止呕、化痰止咳
+
甜菊叶
让茶饮口感甘甜
=
促进血液循环，既养血安神又去寒

冲泡方法：

1. 将干桂圆、生姜、甜菊叶均放入杯中。
2. 冲入沸水浸泡。
3. 静置 10 分钟，饮用即可。

花草随笔

甜菊的叶子含有名叫“甜菊素”的甜味物质，精制的甜菊素是无色无嗅的结晶，其甜度为砂糖的 200 倍。由于甜菊素热量低、易溶于水或酒精，也具耐热性，可谓无热量之代糖产品，是糖尿病患者的饮食或瘦身食品常用的甜味剂。

桂圆红枣茶

材料：

红枣……………………………3 颗

桂圆……………………………2 颗

养生功效：

红枣：补中益气、宁心安神、益智健脑、增强食欲

\+

桂圆：补心安神、滋补强体、养血壮阳、益脾开胃

=

健脑益智、温补安神、补血

冲泡方法：

1. 将红枣、桂圆一起放入杯中。
2. 冲入沸水浸泡。
3. 温饮即可。

花草随笔

在中国，枣还可以被用来制作红枣酒。有时候，中国人把枣放在白酒里面，保存一段时间，慢慢就会变成醉枣，滋味甘甜，香气扑鼻，是非常可口的小吃。

迷迭香姜茶

材料：

迷迭香…………………………………………适量
姜………………………………………………适量

冲泡方法：

1
将姜去皮切片，与迷迭香一起放入茶杯中。

2
冲入开水。

3
泡5分钟即可。

养生功效：

这款花草茶能治疗头痛、增强记忆力、帮助消化、去除胃肠胀气、促进头皮血液循环、改善掉发。

饮用宜忌：

孕妇不宜饮用。

你也可以这样做：

如果水的温度比较高，可以先放入开水，再放入迷迭香，这样能保持迷迭香的颜色，也比较耐泡。

食材小偏方：

迷迭香精油

配方：

迷迭香精油2滴，苹果醋5毫升。

制作及使用：

1. 将迷迭香精油与苹果醋稀释调匀。
2. 充分浸泡头发后再洗掉。建议长期使用，这样效果才比较好。

功效：

可使精油深入到头发毛囊，使头发乌黑有光泽。

柠檬草百合花茶

材料：

柠檬草…………………………3 克

百合花…………………………2 克

养生功效：

柠檬草：健胃利尿、防止贫血、滋润皮肤

+

百合：润肺止咳、宁心安神

=

健脾胃，助消化，排水去脂、滋润肌肤，宁心安神

冲泡方法：

1. 将柠檬草、百合花一同放入杯中。
2. 在杯中加入适量沸水冲泡。
3. 静置 8 分钟后温饮即可。

花草随笔

百合花富含蛋白质、糖、磷、铁以及多种微量元素，具有极高的医疗价值和食用价值。百合花茶沏好后色泽金黄，味甘微苦，可以润肺止咳，宁心安神，是适合冬日的饮品之一。

益母玫瑰茶

材料：

玫瑰花干品……………………8 朵
益母草…………………… 20 克

养生功效：

玫瑰花		益母草
促进新陈代谢、疏肝解郁、纤体瘦身、美容养颜	+	活血、祛瘀、调经、止痛

=

活血化瘀、调经止痛

冲泡方法：

1. 将益母草和玫瑰花放入锅中。
2. 加入适量水，大火煮开。
3. 转小火继续煮 5 分钟即可。

花草随笔

益母草喜温暖湿润气候，喜阳光，对土壤要求不高，一般土壤和荒山坡地均可种植，以较肥沃的土壤为佳。益母草需要充足水分，但也不宜积水，怕涝。

玫瑰姜枣茶

材料：

干玫瑰花……………………………………10 克
生姜………………………………………… 3 片
红枣………………………………………… 5 枚
冰糖………………………………………适量

冲泡方法：

1
将红枣洗净去核，生姜片切丝。

2
将玫瑰花、红枣、生姜一起放入杯中。

3
冲入开水，放入冰糖，闷泡 5 分钟，即可饮用。

养生功效：

玫瑰花（疏肝解郁、调理气血）+ 生姜（解表散寒、温中止呕、化痰止咳）+ 红枣（补中益气、宁心安神、益智健脑、增强食欲）= 温中散寒、健胃止呕、调理气血、益智健脑。

饮用宜忌：

糖尿病患者可以不加冰糖。

你也可以这样做：

生姜的数量可以多一些，让身体感觉更暖和。

食材小偏方：

生姜治疗咳嗽

配方：

鲜生姜、牛奶各适量。

制作：

1. 把姜捣碎取汁。
2. 待牛奶烧开后加入姜汁略烧片刻起锅，放凉后便可饮用。

功效：

对感染风寒的咳嗽有一定的辅助治疗效果。

柠檬红茶

材料：

柠檬片……………………………2 片
红茶………………………………5 克
白糖………………………………适量

养生功效：

这款茶饮具有生津止渴、舒缓神经紧张、帮助消化、滋润肌肤、促进血液循环、利尿的功效。

冲泡方法：

1. 将红茶放入杯中，加入沸水冲泡。
2. 放入柠檬片，闷泡片刻。
3. 调入白糖饮用即可。

花草随笔

柠檬一般不生食，而是加工成饮料或食品，如柠檬汁、柠檬果酱、柠檬片、柠檬饼等，可以发挥同样的保健作用，如提高视力，减轻疲劳等。

Part 3

不同体质巧饮花草茶

都说“人分九种，食各不同”，对应不同的体质，饮用花草茶也有讲究。从中医理论上讲花草茶也有属于自己的性味归经，既有寒、凉、温、热四种性质，也有辛、甘、酸、苦、咸五种滋味，这就决定了它们不一定适合所有人群饮用，那就让我们来看一下九种体质的人群该如何巧饮花草茶吧！

【平和体质】

平和体质的人体态均匀健壮，性格开朗随和，肌肤润泽，精力充沛，对疾病抵抗能力强，对气候冷热变化能够适应，是健康体质，所以选用花草茶的范围比较广泛。

薰衣草茉莉茶

材料：

薰衣草……………………………………3 克
茉莉花……………………………………3 克
蜂蜜……………………………………适量

冲泡方法：

1
将薰衣草、茉莉花放入杯中。

2
冲入沸水，浸泡 5 分钟。

3
滤出茶渣，晾温后调入蜂蜜，即可饮用。

养生功效：

薰衣草（提神醒脑、增强记忆、止痛、安神镇静）+ 茉莉花（抗菌、平喘、舒筋活血、健脾养胃、强心益肝）= 不仅促进脂肪燃烧，还有助于提高睡眠质量。

饮用宜忌：

女性怀孕初期应避免饮用薰衣草茶。

你也可以这样做：

这款茶在睡前饮用比较合适，可以使身心都得以放松，更容易入睡。

食材小偏方：

茉莉花粥

配方：

鲜茉莉花 60 克，粳米 50 克。

制作：

1. 粳米淘洗净，放入锅中，添水煮成粥。
2. 放入茉莉花，熟后即可食用。

功效：

有疏肝理气、健脾运湿、化浊宽中等功用，女性在行经期间也宜食用，尤其对痛经患者更为适宜。

玫瑰月季花茶

材料：

玫瑰花……………………………9 克

月季花……………………………9 克

红茶……………………………3 克

养生功效：

玫瑰花
调节内分泌、美白淡斑、补水保湿

+

月季花
活血调经、疏肝解郁

=

有效缓解经前期紧张综合征

冲泡方法：

1. 将玫瑰花、月季花、红茶均放入杯中。
2. 冲入沸水，浸泡。
3. 15 分钟后即可饮用。

花草随笔

月季花在中国已有千年以上的历史，是中国十大名花之一。月季花月月盛开，花容秀美，色彩鲜艳，被誉为“花中皇后”。常被用来制作切花、花篮、花束等，象征爱情和真挚的情谊。

【气虚体质】

气虚体质的人形体消瘦或偏胖，风、冷、热都怕，体倦乏力，食欲不振，面色苍白，讲话声音低弱，容易气喘吁吁，爱出虚汗，性格内向、情绪不稳定等。选择花草茶时应以补气健脾为主，常用的花草有人参、红枣、莲子等。

党参枸杞茶

材料：

党参……………………………2 克
枸杞……………………………2 克
红糖……………………………适量

养生功效：

党参：健脾益气、补血生津
\+
枸杞：补虚生精、养肝明目、强身健体
=
具有补气养血、滋补肝肾、健脾益肺、提神醒脑之功效

冲泡方法：

1. 将党参、枸杞放入杯中。
2. 在杯中加入适量沸水，静置 8 分钟。
3. 在杯中加入红糖搅拌均匀，温饮即可。

花草随笔

党参之名，最早见于清代的《本草从新》，其后《本草纲目拾遗》《植物名实图考》等都有记载。与人参相比，党参药性平和，久服也不易使人上火，而且还能补血生津，十分适合天气干燥的秋季使用。

玫瑰金盏菊茶

材料：

黄芪…………………………………… 3克
人参花………………………………… 2克
玫瑰花………………………………… 2克
金盏菊………………………………… 1克

冲泡方法：

1
将人参花、玫瑰花、金盏菊、黄芪放入茶杯中。

2
冲入开水。

3
浸泡10分钟即可饮用。

养生功效：

玫瑰花具有疏肝解郁，调理气血之功效，人参花可补充人体元气，恢复体力，黄芪有益气固表、敛汗固脱、托疮生肌、利水消肿的功效，金盏菊有消炎抗菌、清热降火的功效。

饮用宜忌：

从身体状况来说，感冒、经期都不适宜饮用黄芪茶。

你也可以这样做：

可以加入蜂蜜调味，避免茶饮的涩味太重。

食材小偏方：

黄芪粥

配方：

制黄芪30克，粳米100克。

制作：

1. 黄芪切片，加10倍量水煎30分钟，滤过取汁。
2. 再加同量水蒸一次，取汁去渣。
3. 粳米洗净，加黄芪汁及适量水煮粥。

功效：

补中益气、健脾。适宜于脾肺气虚、神倦乏力、食少便溏、气短懒言、自汗等症。

【阳虚体质】

阳虚体质的人多见形体白胖或面色淡白无华，平素怕寒喜暖，手脚发凉，不耐寒，睡眠较多，四肢倦怠，咳喘心悸。选择花草茶时应以补肾温阳为主，常用的花草有生姜、枸杞、桂圆等。

生姜红糖茶

材料：

生姜……10 克
红糖……30 克

冲泡方法：

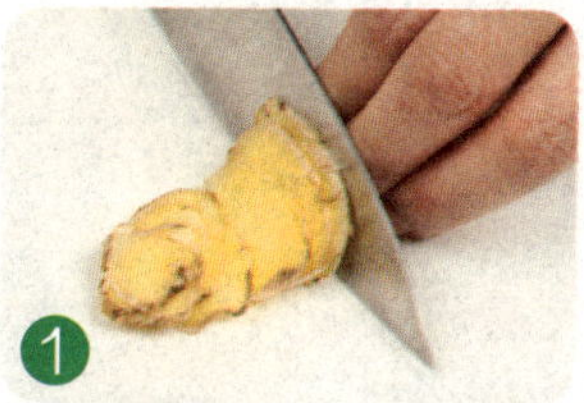

1
生姜切成薄片。

2
将生姜片与红糖一起放入杯中。

3
冲入开水，5 分钟后即可饮用。

养生功效：

发汗解表，温中和胃，适用于风寒感冒，伴有恶心、呕吐、腹胀等。

饮用宜忌：

生姜红糖茶做好后，冷却到 60℃左右饮用最佳，不宜凉饮；可在餐前餐后饮用，不宜在睡前饮用。

你也可以这样做：

冲泡比较方便快捷，如果在家中时间充裕，也可以用锅熬制，制作好的红糖茶最好当时饮用，不宜存放，因为红糖茶容易滋生细菌。

食材小偏方：

核桃炒红糖

配方：
核桃 7 个，红糖 750 克。

制作：
1. 核桃去皮切碎，放入锅中用小火炒到淡黄色。
2. 加入红糖翻炒几下，即可出锅。
3. 分成 12 份，每天早晨空腹吃一份，过半小时后再吃饭、喝水，连续吃 12 天。

功效：
可有效治疗胃病、胃痛。

桂花红枣茶

材料：

桂花……………………………1 克
红枣……………………………6 枚
桂圆……………………………6 枚

养生功效：

桂花（止咳化痰、养生润肺）+ 红枣（补中益气、宁心安神、益智健脑、增强食欲）+ 桂圆（安神、滋补强体、补心、养血壮阳）= 补中益气、宁心安神，适合阳虚体质的人

冲泡方法：

1. 将桂花、红枣、桂圆放入茶杯中。
2. 冲入沸水，盖上盖。
3. 10 分钟后即可饮用。

花草随笔

桂花因为叶子像圭而称“桂”；纹理如犀，又叫木犀；其清雅高洁，香飘四溢，被称为“仙友”。桂花又被称为“仙树”、“花中月老”。桂花通常生长在岩岭上，也叫“岩桂”；桂花开花时浓香致远，其香气具有清浓两兼的特点，清可荡涤，浓可致远，因此有“九里香”的美称。

【阴虚体质】

阴虚体质的人手脚心常发热，皮肤干燥，眼睛干涩，消瘦、面色红，常觉口燥咽干，性情较急躁，经常便秘，容易失眠，不耐春夏，多喜冷饮。宜选用的花草茶应以滋阴为主，常用的有麦冬、康仙花、百合等。

康仙花枸杞茶

材料：

康仙花……………………2 克

西洋参……………………2 克

枸杞子……………………3 克

养生功效：

康仙花（滋阴补肾、强壮元气、调养气血）+ 西洋参（补气养阴、清火生津）+ 枸杞（滋补肝肾、补虚生精、养肝明目、强身健体）= 滋阴补气，强身健体

冲泡方法：

1. 将康仙花、西洋参、枸杞子放入茶杯中。
2. 冲入开水。
3. 浸泡片刻即可饮用。

1

2

3

花草随笔

西洋参是人参的一种，又称广东人参、花旗参，由于美国旧称为花旗国而得名。原产于美国北部到加拿大南部一带，以威斯康辛州为主，通常按产地分成花旗参和加拿大参。与人参相比，西洋参润而不燥，适合阴虚的人选用。

康仙花玫瑰茶

材料：

康仙花……………………………2 克
玫瑰花……………………………2 克
麦冬………………………………2 克

养生功效：

康仙花：滋阴补肾、强壮元气、调养气血 + 玫瑰花：促进新陈代谢、排毒通便、纤体瘦身、美容养颜 + 麦冬：滋阴生津、润肺止咳、清心除烦 = 滋阴补肾、清心除烦、强壮元气

冲泡方法：

1. 将康仙花、玫瑰花、麦冬放入茶杯中。
2. 冲入开水。
3. 浸泡 15 分钟即可饮用。

花草随笔

麦冬又名沿阶草、书带草、麦门冬，为百合科沿阶草属多年生常绿草本植物，须根较粗壮，根的顶端或中部常膨大成为纺锤状肉质小块。

【痰湿体质】

痰湿体质的人常形体肥胖，面部皮肤多油脂，面色暗黄，舌苔厚，痰多，容易困倦、懒动、嗜睡，还易有关节酸痛、肠胃不适。该种体质的人多以生活安逸的中老年人为主，男性居多。选择花草茶应以健脾化痰、利水渗湿为主，常用花草有荷叶、陈皮、茉莉花等。

荷叶绿茶

材料：

干荷叶……………………………5 克
绿茶………………………………5 克

养生功效：

荷叶
消热利湿、健脾升阳、散瘀止血、利尿通便

\+

绿茶
提神清心、消食化痰、去腻醒酒

=

提神清心、利湿化痰、利尿通便

冲泡方法：

1. 将荷叶、绿茶放入茶杯中。
2. 冲入沸水，浸泡。
3. 5 分钟后即可饮用。

花草随笔

荷叶有清暑利湿、升发清阳、凉血止血等功效。现代研究表明，荷叶还有降血脂作用，所以很多减肥、降脂、祛痘的产品中都含有荷叶。

橘皮红枣饮

材料：

红枣……………………………………10 个
鲜橘皮…………………………………10 克

冲泡方法：

1
将红枣、鲜橘皮放入杯中。

2
冲入沸水，盖上盖闷。

3
10 分钟后即可饮用。

养生功效：

红枣（补中益气、宁心安神、益智健脑、增强食欲）+ 橘皮（理气化痰、止呕止呃、利尿）= 健脾养血、化痰止呕、养血滋补。

饮用宜忌：

阴津亏损，内有实热者慎用。

你也可以这样做：

红枣、橘皮、粳米一起煮粥，同样具有健脾养血、化痰止呕的功效。

食材小偏方：

橘皮梨子饮

配方：

秋梨 1 只，橘皮、冰糖各少许。

制作：

1. 秋梨切块，与橘皮、冰糖一起放入锅中。
2. 添少许水熬成汁，饮用即可。

功效：

可润肺止咳，尤其适于秋季肺燥咳嗽者食用。

【湿热体质】

湿热体质的人通常偏胖，油垢满面，易生痤疮和粉刺，常感觉嘴里发干、苦或有异味，体味较重，爱出汗，对湿热天气难以适应。长期饮酒者易形成此种体质。选花草茶时应以清热化湿、疏肝利胆为主，常用花草有槐花、菊花、陈皮等。

桑菊茶

材料：

桑叶……………………………2片

菊花……………………………2朵

养生功效：

桑叶
疏散风热、清肺润燥、清肝明目、凉血止血

+

菊花
松弛神经、舒缓头痛、散风清热、清肝明目

=

散热清肺润喉，清肝明目，对风热感冒也有一定疗效

冲泡方法：

1. 将桑叶、菊花放入杯中。
2. 冲入沸水，浸泡。
3. 温饮即可。

1

2

3

花草随笔

桑叶为桑科植物桑的干燥老叶，栽培或野生，我国大部分地区多有生产，尤以长江中下游及四川盆地为多。临床上习惯认为经霜者质佳，称“霜桑叶”或“冬桑叶”，饮片名称桑叶、蜜炙桑叶。

菊槐双花茶

材料：

槐花……………………………8 克
菊花……………………………8 克
冰糖……………………………适量

养生功效：

本款茶饮有平肝祛风、清火降压的作用，对早期高血压引起的头痛、头晕、目赤肿瘤、眼底出血、鼻出血等效果较佳。

冲泡方法：

1. 将槐花、菊花放入茶杯中。
2. 冲入热水。
3. 浸泡 10 分钟，加冰糖饮用即可。

花草随笔

槐花具有良好的观赏价值，每到初夏花期来临时，一串串洁白的槐花缀满枝头，空气中弥漫着淡淡的素雅的清香，沁人心脾。正所谓“槐林五月漾琼花，郁郁芬芳醉万家，春水碧波飘落处，浮香一路到天涯”。

【血瘀体质】

血瘀体质的人血行往往不畅，面色以及皮肤晦滞，皮肤粗糙，口唇色暗，眼眶暗黑，常有“熊猫眼”，瘦人占多数，女子多有痛经现象。选用花草茶应以疏肝解郁、活血化瘀为主，常用的有玫瑰花、桃花、红花等。

甜菊红花茶

材料：

红花……………………………3 克

红茶……………………………3 克

甜菊叶…………………………2 片

养生功效：

红花：活血通经、散瘀止痛 + 甜菊叶：养阴生津、缓和情绪、缓解疲劳 = 活血化瘀、通经止痛

冲泡方法：

1. 将红花、红茶、甜菊叶均放入杯中。
2. 冲入沸水，浸泡。
3. 3 分钟后即可饮用。

花草随笔

早在我国古代，就有关于红花的很多记载，尤其盛传它是宫廷的避孕、堕胎秘方，这都是因为它的活血效力。因此孕妇和准备怀孕的女性千万不要盲目饮用。

玫瑰甘草饮

材料：

玫瑰花……………………5 克
玫瑰茄……………………5 克
甘草………………………5 克

养生功效：

玫瑰花：促进新陈代谢、排毒通便、纤体瘦身、美容养颜
＋ 甘草：补脾益气、止咳润肺、缓急解毒
＋ 玫瑰茄：清热解渴、清心降火、养颜消斑
＝ 清热排毒、美容养颜

冲泡方法：

1. 将玫瑰花、玫瑰茄、甘草放入杯中。
2. 冲入沸水，盖上盖。
3. 10 分钟后即可饮用。

花草随笔

甘草是一种补益中草药，药用部位是根及根茎，表面红棕色或灰棕色，喜阳光充沛、日照长而气温低的干燥气候。甘草多生长在干旱、半干旱的荒漠草原、沙漠边缘和黄土丘陵地带。

【气郁体质】

气郁体质的人往往形体消瘦，面色苍暗或萎黄，性格内向不稳定，敏感多疑，时常多愁善感、失眠多梦、健忘、惊悸等，以年轻人为主，并且女性多于男性。选用花草茶时应以行气解郁为主，常用的花草有玫瑰花、百合花、合欢花、菊花等。

合欢枸杞茶

材料：

合欢花……………………………3 克

枸杞子……………………………3 克

百合花……………………………2 克

养生功效：

枸杞子（滋补肝肾、补虚生精、养肝明目、强身健体）+ 合欢花（解郁安神、滋阴补阳、活血安神）+ 百合花（润肺止咳、清热、宁心安神）= 滋阴补阳、宁心安神

冲泡方法：

1. 将合欢花、百合花、枸杞子放入茶杯中。
2. 冲入开水。
3. 浸泡 10 分钟后即可饮用。

花草随笔

合欢花象征永远恩爱、两两相对，是夫妻好合的象征。名字相似的还有金合欢，每年 9 月，澳大利亚到处盛开着金黄色的金合欢，香飘四方。

玫瑰菊花茶

材料:

玫瑰花……………………………5 粒

菊花………………………………5 粒

养生功效:

玫瑰花
促进新陈代谢、疏肝解郁、纤体瘦身、美容养颜

＋

菊花
松弛神经、舒缓头痛、散风清热、清肝明目

＝

具有清热解毒、美容养颜的作用

冲泡方法:

1. 将玫瑰花、菊花放入茶杯中。
2. 冲入沸水。
3. 浸泡 2 ～ 3 分钟即可饮用。

花草随笔

晋朝陶渊明爱菊成癖，曾广为流传。他写过不少咏菊诗句，如“采菊东篱下，悠然见南山”“秋菊有佳色，更露掇其英”等，至今仍脍炙人口。

【特禀体质】

特禀体质即过敏体质，这种体质的人容易对药物、食物、花粉等产生过敏，多是遗传所致。选择花草茶时应以健脾补肾为主，常用的花草有人参、红枣、辛夷花、紫苏、薄荷等。

薄荷辛夷花茶

材料：

辛夷花……………………………………………2 克
薄荷………………………………………………2 克

冲泡方法：

1
将辛夷花、薄荷放入茶杯中。

2
冲入开水。

3
浸泡片刻即可饮用。

养生功效：

辛夷花药性辛散温通，芳香走窜，薄荷辛凉，具有发汗解热之功效，两者合用可以有效地改善鼻炎引起的鼻塞、流涕等症状。

饮用宜忌：

阴虚血燥，肝阳偏亢，表虚汗多者忌用薄荷。

你也可以这样做：

薄荷可以使用干品，也可以使用洗净的鲜品。

食材小偏方：

鲜薄荷叶贴敷

配方：
鲜薄荷叶适量。

制作：
将鲜薄荷叶贴敷在蜂叮肿胀处，可以立即见效。

功效：
有效消除蜂叮肿胀。

辛夷花紫苏茶

材料:

辛夷花……………………………4克

紫苏………………………………4克

养生功效:

辛夷花	+	紫苏
辛散温通，芳香走窜		解表散寒、行气和胃

=

疏散风寒、宣通鼻窍

冲泡方法:

1. 将辛夷花、紫苏放入茶杯中。
2. 冲入开水。
3. 浸泡片刻，饮用即可。

1

2

3

花草随笔

辛夷花，又名木笔花、望春花、玉兰花，主要是木兰科落叶小灌木植物紫玉兰或望春玉兰、玉兰、武当玉兰的花蕾，也可以指其他木兰属植物的花蕾，主产于我国河南、陕西等地。

索引：本书中常见花草茶功效速查索引

养颜

减肥消脂

美白

活血

健脾

提神

明目

安神

清心

本书常见花草速查索引

金盏花

金莲花

芙蓉花

百合花

茉莉花

辛夷花

附录：本书常见花草阳台种植全攻略

在阳台上种植自己喜欢的花草，不仅能扮靓阳台，还可以随时采摘，冲入沸水，在花草茶独特的馨香中，站在阳台上俯瞰整个城市的景色，是多么惬意、多么小资的生活啊！那让我们来看一下如何才能在阳台上种出自己喜爱的花草吧！

不同类型的阳台该如何选择适合种植的花草

阳台种花草不仅要根据个人的爱好和需要，还要考虑自家的阳台环境，最主要的是要看阳台朝向和阳台封闭情况。朝向决定着阳台得到光照的机会，而阳台封闭情况则决定了阳台的温度。

全封闭阳台

全封闭阳台冬季温度也较高，所受温度限制较小，一年四季都可栽种花草。但是要注意通风，这样花草才不易生病或徒长。

半封闭或未封闭阳台

半封闭和未封闭阳台冬季温度较低，通常不宜在冬天栽种花草。夏天太阳直射以至温度过高，也要小心遮光保护花草。在温度允许的条件下，通常要根据阳台朝向选择花草。

朝南阳台

朝南阳台全日照、阳光充足、通风好，是最理想的种植花草的阳台。

朝东阳台

朝东阳台为半日照阳台，可以种植喜光耐阴的花草。

朝西阳台

朝西阳台夏天西晒时温度较高，导致某些花草日烧，轻者落叶，重者死亡。适宜在朝西阳台的角落种植藤蔓性、耐高温的花草。在夏天，对后面楼层反射过来的强光及辐射光也要设法防御。

朝北阳台

朝北阳台全天几乎没有日照，花草的选择范围最小。应选择喜阴的花草，在夏天，对后面楼层反射过来的强光及辐射光也要设法防御。

阳台种植花草需要的工具

铲子：主要用于翻土、铲土、移栽花草苗，可用废旧的汤勺代替。

喷壶：用于给花草喷水，可根据自己的需要选择合适的喷壶。

剪刀：用于剪枝，一般家用的剪刀或者专业的修剪较粗枝条的剪刀均可。

支架：主要用于支撑长高或爬蔓的花草，可以选用细竹竿或者木棍，根据花卉的生长需求选择。

绳子：用于捆绑支架等，可以选用麻绳、尼龙绳，也可以选用扎带。扎带使用起来非常方便，不需要打结，一拉即可，在五金店中均可以购买到。

盆底石：放入盆底的漏水孔处，能方便渗水，同时能防止水、肥的流失，可以用小石头或者是瓦片来代替。

托架：将花草放在托架上以后，能更好地接收阳光的照射，利于花草生长，可以使用花架、凳子、桌子等来替代。

叉子：用来给花草松土。

阳台种植花草的成功秘诀

掌握种植时间：掌握好花草的种植时间很关键，因为南北方地域、气候条件等的不同，所以种植的花草也有一定的差异。最好是根据所在地的气候来选择种植的品种。

掌握浇水的技巧：花草的生长离不开水分的滋润，但并不是浇水越多越好，要控制浇水量，可等土层干了后或者觉得湿度不够时再浇水，宜一次浇透，如浇到容器底部有水流出。浇水动作宜轻柔，水流柔和。宜在天气较好的上午或者傍晚浇水，切忌中午高温时浇水。

及时灭虫：有些花草比较容易“招惹”害虫，一旦发现害虫要及时消灭掉。如果是大的虫子，可以直接将其夹出消灭，但如果是量多、体积小的害虫，就要及时喷洒杀虫剂。如果怕农药会有污染，可以用自制的天然杀虫剂。

按需施肥：按照所选择的花草的品种，进行适时施肥，可以自己制作天然无污染的有机肥，也可以选购合适的其他化肥。化肥见效快、肥力足，但施化肥时不宜过多，而且不要施在花草的叶子和根上，这样会把花草“烧死”。

讲了这么多关于阳台种植的知识与秘诀，那就赶快来试验一下吧！

薰衣草：又被称为灵香草，花香淡而清澈，略带木香，在 6 ~ 8 月盛开，原产于地中海沿岸、欧洲各地及大洋洲列岛、阿尔卑斯山脉一带。一年四季均可种植，在株高 10 ~ 20 厘米时即可采收，需要连续收获。薰衣草喜欢阳光，梅雨季节一定要注意，不要让土壤过于潮湿。土壤不必很肥沃，一般不用施肥，在普通的土壤里会生长得更好。薰衣草喜欢碱性土壤，最好不要用使用过很多次的土壤。

种植攻略：

1. 在花盆中铺上一层风化土，再装入优质土，掺 2 ~ 3 把小石子或沙子，这样有助于排水。
2. 用花洒将土浇湿，用手指按出几个坑，每个坑里放入 2 ~ 3 颗种子。
3. 用土将种子埋起来，但不要埋得太深。
4. 喷点水，用报纸盖起来。
5. 长到 2 ~ 3 厘米左右，如果有长在一起的，就留下一颗好的，将其他的拔掉。
6. 等长到 5 厘米后，便开始发出浓郁的香气。
7. 茎部长到 10 ~ 20 厘米时，即可采收。

罗勒：又名九层塔，是一年四季均可种植的香草，可以视植株的长势适时连续收获。需要较强的光照强度，要经常保持土壤的湿润，可在每次采收后进行施肥。喜欢阳光和水。如果把剪断的枝干插在水杯里，就会生根。可以把它重新栽种到花盆里，也可以一直放在水中，置于厨房的一角。

种植攻略：

1. 在容器中装入优质土，装到容器的 3/4 处即可，用花洒将土浇湿。
2. 将罗勒种子均匀地撒在土壤上，再撒一些土，直到把种子盖起来为止。
3. 用喷雾器喷一点水，在种子发芽之前，先用报纸把它盖起来，然后在报纸上喷一点水。
4. 半个月左右即可长出蝴蝶状的新芽，新芽中间开始长出真叶，一定要注意防范蚜虫，可以洒一点天然杀虫剂。
5. 真叶长到如大拇指指甲一般大时，即可采摘食用。

薄荷：又名叶息草、鱼香草，芳香清凉。薄荷的原名相传来自于希腊神话，它在很久以前就在希腊南部地区繁殖着。薄荷比较容易养活，给点阳光和水分即可茁壮地成长。南方地区一年四季都可采摘，以气候适宜的 4 ~ 8 月产量最高，品质最佳；北方地区也可达到全年供应，但冬季必须做好防寒措施。

种植攻略：

1. 在花盆底部放几颗小石头，倒入部分泥土，压实。
2. 把繁殖出根的薄荷小苗放入土中，用手把剩余泥土轻洒盆中，但不能再用手压，以免将其脆弱的根部压断。
3. 每日都要浇水，但不要让水一直停留在花盆中，以免薄荷的根烂掉。
4. 薄荷的生长速度很快，对歪长的部分或顶部可以修剪，但不可过度。
5. 薄荷的繁殖能力很强，几个月后根部就将挤满花盆，此时需要换盆。
6. 等主茎长高到 20 厘米左右时，即可开始采收嫩茎叶供食或者泡花草茶。

紫苏：又名红苏、香苏，具有特异的芳香味道。紫苏新苗一般在 5 ~ 6 月上市，在 6 月中旬至 8 月即可收获。生长温度以 2 0 ~ 2 5 ℃较为适宜。紫苏容易长虫，应经常检查叶面，发现虫害及时处理。

种植攻略：

1. 5 ~ 6 月紫苏新苗上市后，可购买尽早移植。
2. 5 月至 7 月的上半月，每天浇 1 次水。梅雨季节过后，要早晚各浇 1 次水。
3. 每 3 周施 1 次有机肥。
4. 紫苏容易害夜盗蛾，所以夜间要注意检查叶片，一旦发现及时处理。
5. 植株超过 30 厘米时即可开始收获。从大片的叶子开始摘取，收迟了叶子会变硬，所以要趁叶子软嫩时采摘。